U0335810

脑洞大开的
未来科技
〔英〕亚历克斯·伍尔夫 著
〔英〕贾斯明·弗洛伊德 绘
周悟拿 译
湖南少年儿童出版社
HUNAN JUVENILE & CHILDREN'S PUBLISHING HOUSE
长沙

献给我那两个了不起的孩子——迈克和玛雅。你们让我对未来充满了希望。

——亚历克斯·伍尔夫

感谢我百万里挑一的父母，你们一直支持我充满创意的梦想，把手中的一切机会都给了我。我对此永远感激。这本书是献给你们的。

——贾斯明·弗洛伊德

这个世界变化不断，身处世界中的人们总有能力做出很多了不起的事情。人类不断发现新事物，不断打破旧记录，不断探索新的真相，不断刷新历史。我们也非常乐意以后继续修订这本书的新版，添加新的内容。

目录

引 言

我们现在生活在一个激动人心的时代……

几乎每周都有一项突破性技术公诸世界——新的 VR（虚拟现实）头盔、给农作物洒水的无人机、带着柔性屏幕的计算机……世界各地的科学家和工程师都积极投身研究，给我们带来各种开创性的新发明。这些发明可能很快就会成为世界上的普遍现象，比如无人驾驶汽车、智能机器人、3D 打印和取自核聚变的能源。

现代技术正在以惊人的速度向前发展。如果让生活在三十年前的人们穿越过来看看今天的世界，他们应该会大感困惑：现在人们都用着智能手机、社交媒体、虚拟助手，还可以拨打视频电话、观看网站上的视频。

他们也会惊讶地发现，这些科技进步是怎样改变了我们的生活，我们现在拥有的信息比历史上任何时期都要丰富，人类彼此之间也有了更多联系。

科幻小说经常描述出未来的景象。在未来的世界里，我们可以穿越时空，穿上隐形斗篷就能消失不见，还可以直接把脑海中的所思所想上传到计算机，甚至还会出现人造生命。现在，创新发明者也常常会在小说里找到灵感。

这些小说中的灵光一闪，也许有朝一日都会成为现实中的技术。移居太空、创造超智能的机器人、获得永生……在我们即将探索的概念中，这些还只是沧海一粟。

那么，为了让这些梦想一步步成为现实，科学家们正在做着哪些工作，这些发明又会给全人类带来怎样的影响呢？

移居太空

人类能幸存至今，仰赖一个星球——地球。但是，如果有天地球发生了意想不到的灾难，威胁到人类文明，我们该如何是好？比如，地球可能遭到小行星撞击，可能发生超大规模的火山爆发，或是其他气候性的灾难。如果真是这样，我们就很容易重蹈恐龙的覆辙……

因此，人类一直仰望星空，寻找避难之处。我们会不会有朝一日能移居太空呢？

危机四伏之地

问题是，我们天生就不适合在太空生活：

- 那里没有空气，没有水，也没有食物。
- 那里的气温很极端，国际空间站的向阳面最高可达 121 摄氏度，而阴影面则很冷，最低可达零下 157 摄氏度。
- 太空里没有重力，这会损坏我们的骨骼和肌肉。
- 那里辐射水平很高，对人体有害。

我们如果想在太空居留，那就必须让我们免受以上危害才行。

如果我们在太空中长期居住，身体也可能随环境而进化。比如，为了适应缺乏重力的环境，人体可能进化出更高的骨密度。

如果我们居住的星球只能获得较少阳光，比如火星，那我们可能会进化出更大的眼睛，这样才能看得更清楚。

几千年后，那些迁居太空的人甚至可能会进化成某个新物种。

金矿小行星

小行星富含贵重的金属，比如铁、镍、金和铂等，总量大约有数十亿吨。所以，人类如果移居太空，可以收获巨大的资源！

你知道吗？

爱德华·黑尔在1869年写出了《砖月》，故事里的人造卫星就有人类居住。这是最早关于太空人类社区的故事之一。

太阳能

人类如果移居太空，就必须在那里完全实现自给自足。太阳能电池板向人类提供所需的热量和电力。但是，人类住的星球离太阳越远，获得的太阳能就越少。

太空有空气吗？

空气的主要成分有氧气、氮气和二氧化碳。人类可以从太空中发现的物质里提炼出以上成分。月球上的岩石含有氧元素，可以通过高温和电能来获取氧气。人类也许可以在太空社区里清洁并回收空气。如果在太空社区里种出一片森林，便有可能实现这个目标。

宇宙胡萝卜[1]

目前人类已经在宇宙空间站里种植过大米、土豆和豌豆。厕所里的排泄物中的营养物质可以用来给农作物施肥。在重力过低的情况下，植物根系可能会向任何方向随意生长，水和营养物质也会浮在空中。因此，植物种子得粘在装满土壤和肥料的小袋子里，这样养分才能抵达根部。

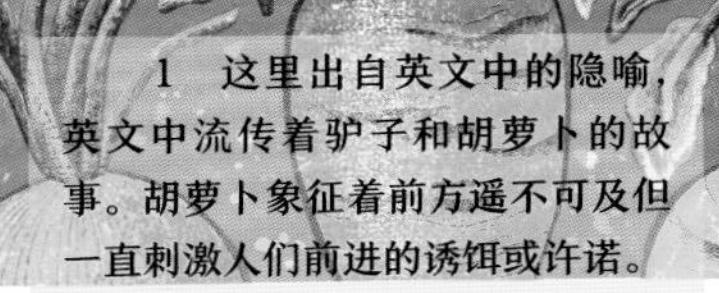
1 这里出自英文中的隐喻，英文中流传着驴子和胡萝卜的故事。胡萝卜象征着前方遥不可及但一直刺激人们前进的诱饵或许诺。

在太空轨道上生活

人类不是必须生活在星球或卫星上才行。我们也可以在围绕地球或其他天体运行的轨道上建立巨大的空间站。这样的空间站必须自转，才能让自身产生模拟重力。

20 世纪 70 年代，美国物理学家杰拉德·奥尼尔提出了“奥尼尔圆柱体太空舱”的构想。那是一对自转的圆柱体，长 32 千米，直径 8 千米，每个圆柱体内部结构都和地球类似，足以承载成千上万的人。

但今天的国际空间站宽为 88 米，长为 110 米，仅能容纳三到六名宇航员常驻，和这个构想大相径庭。

你知道吗？

“奥尼尔圆柱体太空舱”的内部空间特别大，甚至还可以形成云层。

月球

我们以后也可能在月球朝向地球的一面建立人类社区。那里离地球相对更近，贸易往来和通信也更便利。

因为月球表面没有大气层，还存在有害辐射，人类在月球的最佳居住地点是在地底下，也就是熔岩管的内部。（月球上有古老的火山，熔岩流动形成的隧道就是熔岩管。）

有些熔岩管宽达 5 千米。人类可以从月球两极的冰块中获得水分，并通过电解来生产氧气。

泰坦星和欧罗巴

土星最大的卫星是泰坦星，它又叫“土卫六”。它的大气层中含有氧气、氢气、氮气和甲烷，这些都是产生生命的必备元素。因此，泰坦星可能是太阳系中最适合人类居住的地方了。

你知道吗？

泰坦星上的重力很低，大气层又非常浓密，人类甚至只要戴上一对翅膀就可以飞起来。

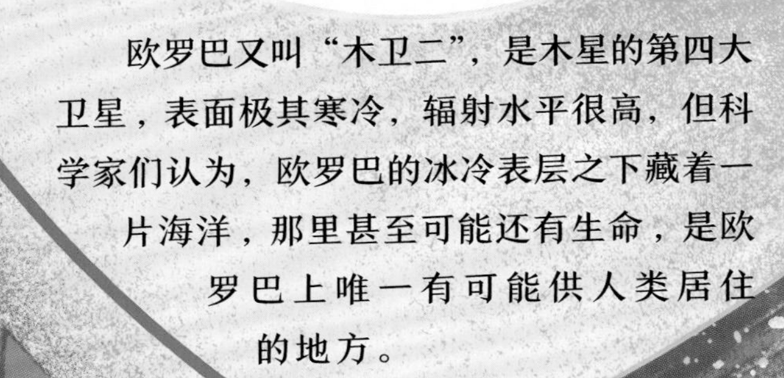

欧罗巴

欧罗巴又叫“木卫二”，是木星的第四大卫星，表面极其寒冷，辐射水平很高，但科学家们认为，欧罗巴的冰冷表层之下藏着一片海洋，那里甚至可能还有生命，是欧罗巴上唯一有可能供人类居住的地方。

火星

火星大气层不适宜人类生存。因此，移居火星的人们必须生活在人工建造的居所中，而且必须配备自己的生命支持系统[2]。

火星频发沙尘暴，所以人类可能需要通过卫星无线传输的方式把太阳能传到火星表面。

适合人类建立基地的地方有阿尔西亚火山[3]附近的洞穴，或是熔岩管。

一些科学家认为，如果逐步改变火星的大气层和气候，火星可能变得更像地球，也就更适宜人类居住了。

2　生命支持系统包括供氧系统、呼吸装具等。

3　阿尔西亚火山是火星赤道附近塔尔西斯三座火山（统称为塔尔西斯山群）中最南端的一座。

超级智能的机器

智能机器人也许是所有科幻小说中最受欢迎的角色了。电影里常常出现具有思考和感知能力的机器人，观众对此喜闻乐见。但是，我们有没有可能制造出具备人类智慧的机器呢?

在过去，这个想法似乎只是停留在幻想层面。但就在最近，人工智能已经取得了巨大进步。这意味着现在人工智能程序已经可以诊断疾病、谱写乐曲、翻译不同的语言和识别人脸等。

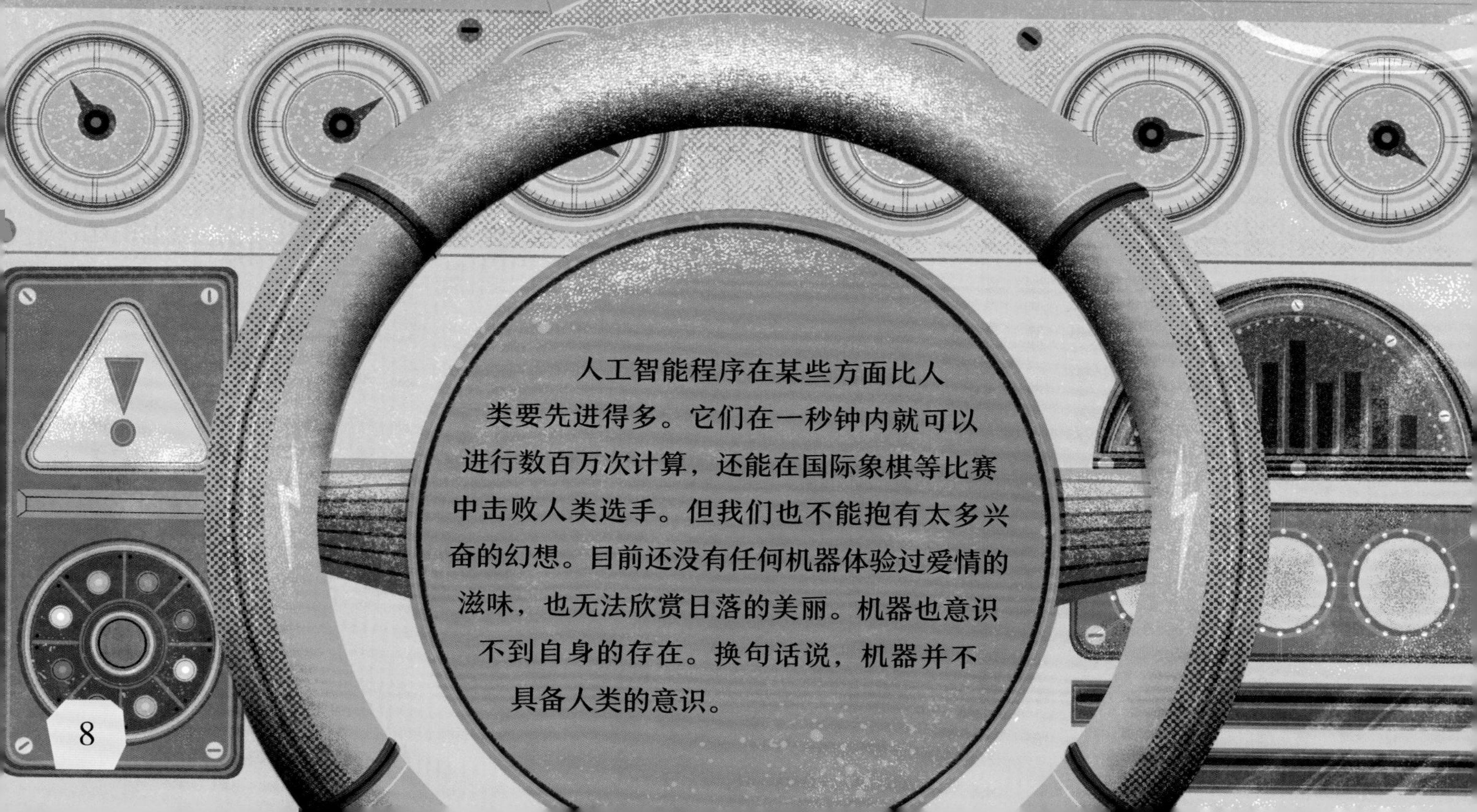

人工智能程序在某些方面比人类要先进得多。它们在一秒钟内就可以进行数百万次计算，还能在国际象棋等比赛中击败人类选手。但我们也不能抱有太多兴奋的幻想。目前还没有任何机器体验过爱情的滋味，也无法欣赏日落的美丽。机器也意识不到自身的存在。换句话说，机器并不具备人类的意识。

机器人伙伴

机器人虽然缺乏意识，但它们还是可以成为我们的伙伴。2015 年上市的机器人 Pepper 就可以识别人脸，辨识人类的基本情绪，还可以和人类进行朋友式交谈。人类虽然是社会性的动物，但也会经常感到孤独。所以，机器人很有可能继续发挥陪伴功能，给人类提供友谊价值。

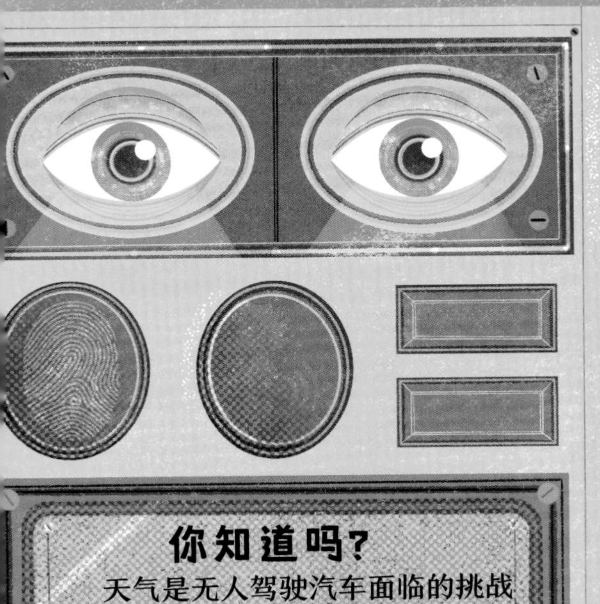

你知道吗？

天气是无人驾驶汽车面临的挑战之一。例如，下雪时机器的视觉系统会变得紊乱，更难识别其他物体。

计算机操控的汽车

有时，机器之所以对我们有用，是因为它们不具备人性。它们从不生气，不知疲倦，也不会走神。而这些原因，就让机器成了理想的司机。无人驾驶汽车往往连接了人工智能程序，具备视觉、听觉、思维能力和决策能力。

以后，无人驾驶汽车会与道路网络和交通信号灯的系统全部连接起来。它们能决定哪条路线是最佳选择，也能判断哪条路线最安全。

计算机有视觉吗？

机器可能在某些方面很出色，但在某些方面又很笨拙。对大多数人来说，在一棵树上找到苹果是易如反掌，读懂一个愤怒的表情也是小菜一碟。这是因为，人类几百万年来都在用眼睛寻找食物、躲避危险。然而，计算机却很难分辨物体和背景的边界在哪里，更不用说辨别表情的细微变化。

但是，机器的能力在不断变强，而且也越来越能从错误中吸取教训，计算机分析视觉数据的能力正在逐步优化。因此，它们能够完成人类做不到的任务，比如从不同角度重建一个场景，恢复受损或模糊的图像，或是估算出视频中物体移动的速度。

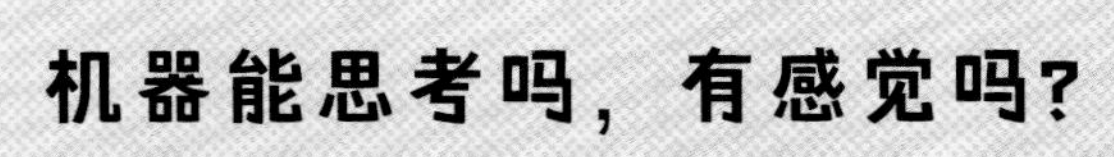

机器能思考吗，有感觉吗？

计算机可以为人类提供友谊价值，也可以驾驶汽车、识别物体。但它们会不会真正具有意识呢？无人驾驶汽车会不会有一天忽然决定偏离编程路线，转而走自己选择的路线？

有些科学家认为，意识并非人类独有的特征。我们之所以能够产生意识，是因为大脑在以某种方式工作。因此，人造大脑也可能产生无法阻挡的意识。

问题在于，我们还不知道人类的意识究竟是如何生成的。若我们能破解这个难题，我们距离机器的意识觉醒可能仅剩一步之遥。

然而，尽管目前机器意识尚未成为现实，它们仍可展示出类似意识的表现。它们听到我们的笑话会笑，也会把自己的“想法”和“记忆”告诉我们。这都让机器看起来和人类没什么区别……

超级人工智能

现在最有可能出现的，是那种智商超高的机器——某些机器甚至比最聪明的人类还要厉害呢。

这些机器的记忆力堪称完美，大脑储存空间像互联网一样无边无际，而且还能同时完成数百项任务。

这些机器甚至可以相互连接，创造一个全知全能的超级大脑。如果一个智能机器达到如此规模，那可能就会对人类构成威胁了。

机器人技术的革命

在今天的社会，机器人和人工智能系统已经在很多工作岗位上取代了人类，比如体力劳动、翻译、法律和金融研究，甚至还包括某些类型的新闻工作。

但是，我们的世界会最终被超级智能的机器接管吗？这的确可能发生。一旦机器能超越人类思维，我们便无法预见它们会采取什么行动，更没法加以防范。

如果一台超级机器认为人类对它构成威胁，或可能侵占其资源，它甚至可能会决定把我们处理掉……

带来灾难的手机

人工智能意外接管我们世界的可能性是存在的。比如说，如果有台机器被写入的程序是尽可能多地制造智能手机，那它就有可能做出占领地球的决定。因为，这样它就可以调动全世界的资源，用来制造手机。

这台机器还可能会想要把我们囚禁起来，甚至灭绝全人类。这样一来，就没人可以关闭这台机器，也没人能利用地球资源去制造手机以外的任何东西。

随着机器变得越来越智能，我们在机器中嵌入保障系统的工作也变得越发重要。只有这样，人类才能保护自己最终免受机器的伤害。

怎么会发展到这一步？

为什么不在机器占领地球之前就拔掉它的电源插头？这是因为超级人工智能可能会像病毒一样在我们的计算机系统中传播，电源供给问题从而被规避。

时间旅行

我们都是时间里的旅行者，在以小时为单位不断向未来进发。但我们并没有时间旅行的感觉，因为我们所有人的前进步伐都是一致的。所以，当我们说到“时间旅行”这个概念，指代的是那些能够脱离众人步伐的旅行者，他们可以单独从时间中抽身而出。

因此，如果我们在时间中行进的速度能够加快，我们就会比其他人更早抵达未来；如果比现在这个速度更慢，我们就会被带回过去。

过去和未来

那么，过去和未来是不是真实存在的时空？那会是我们可能造访的地方吗？我们看到照片或是回忆往昔时可以知道，过去的一切的确存在。

至于未来，科学家们持有不同意见。未来是否像过去一样，已经固定不变？还是会根据我们的行为，持续处于形成过程之中呢？

如果未来是流动的，那我们时间旅行时会看到什么呢？只是未来许多可能性中的某一个吗？若未来已经确定，那我们也将无法对其做出任何改变。

时间里的小花招

如果你能够回到过去，你也许可以阻止你父母遇见彼此。这意味着你从来不曾出生。但如果你从未来到这个世界，那么回到过去阻止他们相见的又是谁呢？这种情况就是人们所说的“悖论”——荒谬或自相矛盾的说法。

快速驶向未来

20 世纪纪初，物理学家阿尔伯特·爱因斯坦提出时空旅行是可能的。光速是宇宙的最高速度极限，约为 30 万千米每秒。我们越接近这个速度，时间流动对我们来说就越是缓慢。这被称作“时间膨胀”。

由于时间膨胀，如果你能乘上航天飞船，以接近光速的速度旅行，在返回地球时就会发现其他人都垂垂老矣。换句话说，你已经穿越到了他们的未来！

你知道吗？

1971 年，有实验验证了爱因斯坦的时间膨胀理论。科学家们将一个高度精确的原子钟放在一架商业飞机上，那里的时间比地面上走得慢一些。

当一架飞机向西飞行，时钟就往前拨动了 2730 亿分之一秒——这与爱因斯坦的预测一致。因此，当你每次乘坐飞机向西飞行时，你都在一点一点地驶向地面上那些人的未来！

重力时间

对移动速度很快的旅行者来说，时间流逝的速度变慢了；对生活在地球这样大型天体上的人们来说，时间走得更慢。这是因为重力会让时间扭曲。

目前我们还不能以接近光速的速度来旅行，因为现在的技术还无法实现这一点。而且，如果一艘航天飞船的速度接近光速，它可能也会遭遇巨大的阻力。

通往过去的道路

根据爱因斯坦的理论，空间和时间是“时空”这个系统中的两个相关概念。在他的设想中，如果借助一个强大引力场来折叠时空，就可以在两个不同地点之间创造出一条最短路径。我们把这条路径称为虫洞，你可以由此进入另一个时刻，甚至还可能抵达过去的某个地点。

背后是什么原理？

时间和空间之间究竟有何联系？哪怕我们坐着一动不动，我们其实也一刻不停地在时空中移动。从这个角度来说，时间就是空间的第四维。（排在长度、深度和高度之后。）

我们总会觉得时间和其他维度有所不同，这是因为我们都是三维的存在。如果我们化身为四维的存在，那就有能力沿着时间维度旅行，探访过去和未来。那会像我们在空间中移动一样简单、容易。

不稳定的虫洞

虫洞就像是一条两端都有出口的隧道，两端各自在时空中的不同点才会出现。根据爱因斯坦的理论，我们可以推出虫洞的存在。那么，现实中是否真的存在虫洞呢？科学家们还在寻找证据来支撑这一点。但是，即便我们能找到证据来证明其存在，虫洞也很可能非常不稳定，甚至摇摇欲坠。

背后是什么原理？

我们可以这样联想出虫洞的样子。把时空想象成一张纸，而你想从接近顶端的地方移动到底部。如果你把纸对折一下，在上面打出一个洞，这样就能把你的起点和终点连接起来，你的旅程长度也大大缩短了。

暗能量

20 世纪 90 年代，天文学家们发现宇宙正在加速膨胀，背后的原因可能是一股神秘的反重力力量，这股力量被称为“暗能量”，仿佛在推开万事万物。也许我们可以借助这股暗能量来穿越虫洞。

如果我们能够抓住并且控制虫洞，也许还能制造出一台时光机器。我们需要想出某种办法来打开入口，这样时间旅行者才能够从中穿过。科学家们认为，若想实现这个设想，可能得借助暗能量。

制造时光机器

美国物理学家罗恩·马利特提议，也许我们可以用激光器产生一束环形光，从而制造出一台时光机器。如果这束光足够强，那么“环形激光”内部的空间就会被扭曲，就像咖啡被勺子搅动起来一样。

你知道吗？

2009年6月28日，蒂芬·霍金举办了一“时间旅行者派对”，邀请函要等到派对结束才会发出。

没有人来参加派对，这一点也不让人惊讶。如果有人出现，那就说明霍金的理论站不住脚，因为他认为穿越到过去是不可能的。

守护过去

有些科学家认为，就算穿越到过去，也没有办法改变任何已经发生的事情，因为人们总会遇到阻碍，造成各种各样的悖论出现（见第 13 页）。英国物理学家斯蒂芬·霍金提出了“时序保护猜想”，认为如果有人把一个虫洞用作时光机器，可能会引发爆炸。

隐形

从古代开始，人们就一直怀有让自己隐形的梦想。在很多神话和传说故事里，都有人物穿戴能隐形的帽子、斗篷、戒指或是护身符。这些道具可以让他们展开秘密行动，同时还不被敌人察觉。

但是，在现实中科学家们有朝一日真的能发明隐形装置吗？他们需要解决这样一个关键问题：光线会从大部分物体上反射回我们的眼睛，我们就是这样才能看到各种物体的；所以，如果想要让某个物体隐形的话，就必须找到让光线穿过或是绕过物体的方法，而不是让光从物体上反射回来。

你知道吗？

光学伪装这种隐形技术，是从好莱坞的电影制片人那里借来的灵感。这个过程很复杂，要用到摄像机、计算机、一面特殊的镜子和一件反射能力很强的衣服。其核心原理就是，拍下你身后的景象，然后投射到你身体的前面，让你看起来像是隐形了一样。

弯曲的光线

这是一个大有前途的发展方向，需要应用超材料。这种人造材料具有特殊的晶状体结构，能够让光线弯曲。如果构造方式得当，超材料会引导光线绕过物体，就像让溪流中的水流绕过一块巨石一样。

到目前为止，该技术仅适用于二维物体，而且尺寸微小，大约仅为十万分之一米。

光谱隐形

2018 年，加拿大的一个研究团队成功实现了物体的隐形。他们使用的是一种称之为“光谱隐形”的新技术。

他们用隐形装置遮盖住物体，然后用激光照射这个装置可以改变光线的频率，光线因此可以直接穿过物体，而不是从物体上反射回来。光线一旦穿越到物体的另一边，就又会通过这个装置恢复成原来的频率。

你知道吗？

其实我们已经制造出了许多不可见的物品，不过这里说的不是光波不可见。比如，隐形飞机对于无线电波来说就是不可见的，因此就不会被雷达探测到。

士兵们也可以穿上特殊的斗篷，就不会被热成像摄像机拍到。背后的原理也是一样的。

海市蜃楼效应

如果你开车的时候天气很热，你有时会看到前面路上似乎有个水坑。这是一种海市蜃楼效应。因为道路和上方空气之间存在温度差，所以光线出现了弯曲，让你可以在地面上看到一片天空。科学家们已经找到方法，把这种效应应用于创造隐形装置。

若把薄薄一层碳纳米管（厚度和一个原子差不多）加热，然后热量被传递到外围的水盘中。光线从这层碳上折射出去，人们就看不到隐藏其后的物体了。

但是，这件物体必须体型很小才行，而且还要能够完全浸入水中。所以，这还不算是最实用的隐形斗篷！

在希腊神话中，林叩斯王子能够看穿固体物体的表面。因此，他找到了埋藏的黄金，也发现了敌人的踪迹。英雄漫画里的超人也有这种能力。不过，铅之类的特定材料可能会干扰他发挥这个能力。

X 射线一般的视力

在现实生活中，我们已经可以用 X 光机之类的装备来看穿固体物体的表面。得益于这种技术，医生可以看穿人体，机场工作人员也可以检查行李。但是，如果我们自身就具有这种能力，那不是很酷吗？我们可能会需要有个开关来控制这项超能力，否则我们会看到自己身边围绕着一具具骨架！

背后是什么原理？

X 射线（又叫“X 光”）和我们肉眼可见的光线类似，但波长要短得多。因此，X 光能够穿过某些物质，比如人的肉体。但骨头之类的高密度物质，则会阻挡 X 光。

X 光机拍摄的人类肉体和器官都接近透明，而骨骼在胶片上则显示为阴影。最后的 X 光图像就是这样形成的。

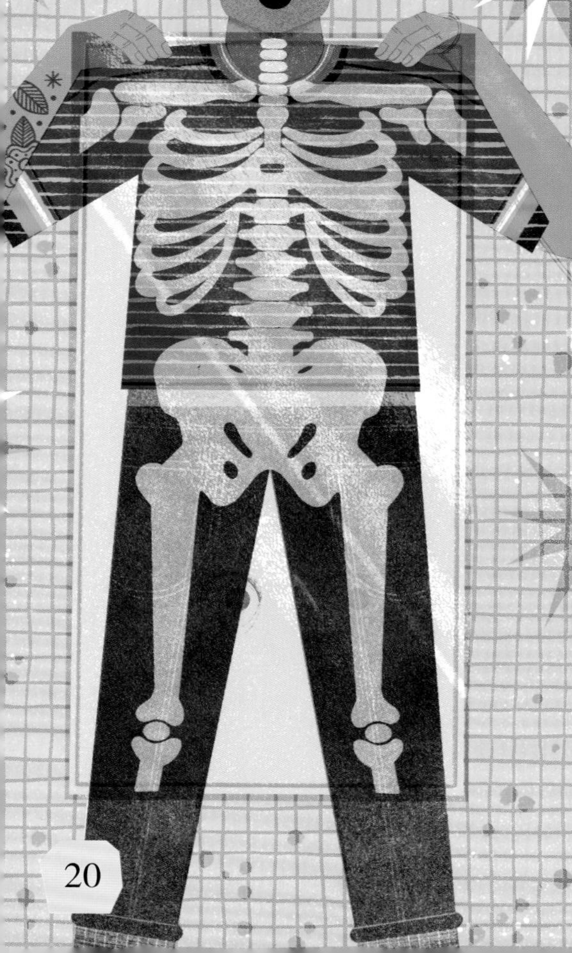

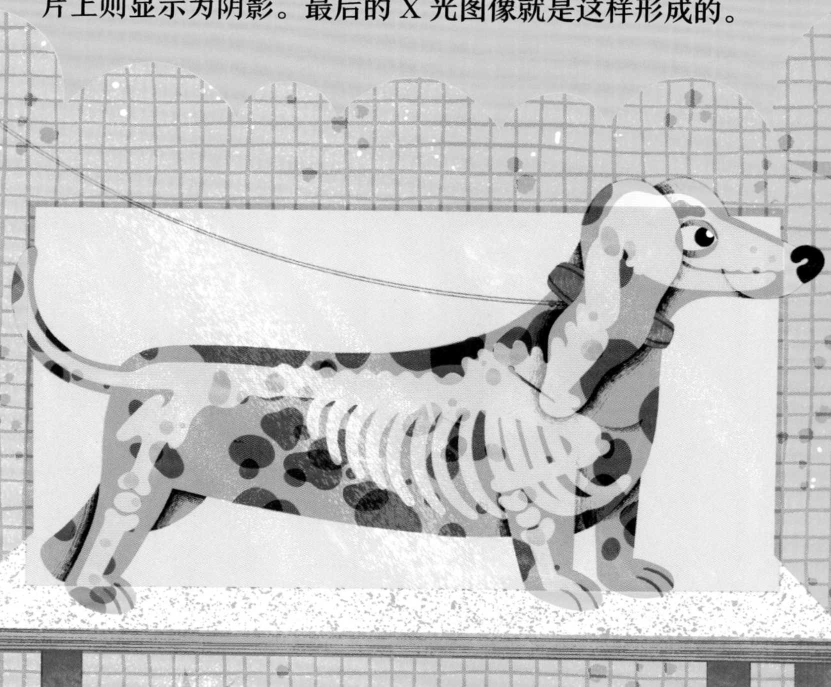

把世界变成透明的

超人从未对外透露过他如何运用这项超能力。也许他可以从眼睛里发射出 X 射线。比如，X 射线被骨头挡住时就会反弹到他的眼里，就像普通光线反射回到普通人的眼里一样。

然而，X 射线并不会反弹，它只会被骨头和其他高密度物质吸收。遗憾的是，超人那种 X 射线一般的视觉能力似乎已经超出了科学的解释范围。

双眼连上 Wi-Fi

如果我们不能拥有 X 射线一般的视力，也许“无线电”视觉尚有可能通过一种新技术来实现。这项技术能让我们感知到墙的另一边有人。

这个设备会以 Wi-Fi 信号的形式发送无线电波，穿过墙壁后便在人体上反弹，最后回到传感器。

我们还能用这个设备构建出人们的具体图像，然后追踪他们的行动，甚至还能识别身份。

这个设备还可以检测细微动作，人工智能也能起到辅助作用。消防员可以运用这项技术，在发生火灾的房屋中寻找幸存者。警察也可用这项技术来盯梢犯罪嫌疑人。

你知道吗？

娜塔莉亚·德姆金娜是一位来自俄罗斯的女士。她声称自己可以看到人体内部景象，还能看到器官和组织，从而诊断疾病。她称这项能力为“医学视觉”。

虽然她已成功做出许多诊断，但科学界依然对她的说法持有疑问。

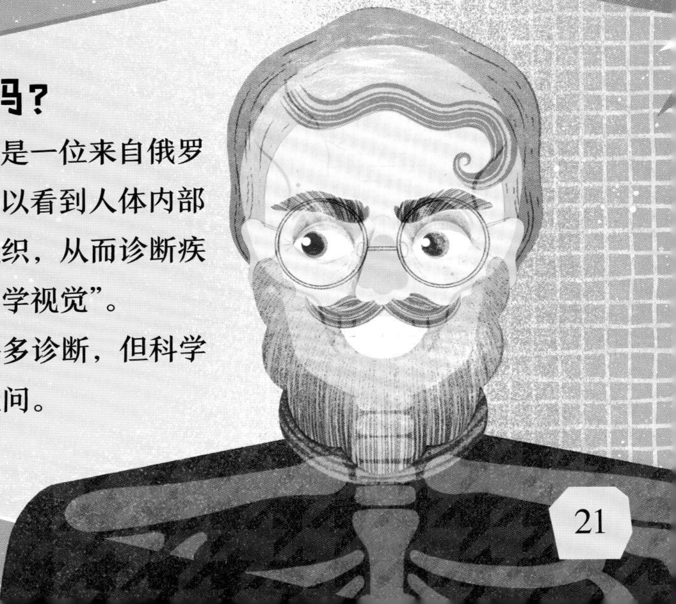

人类克隆

克隆这项技术可以应用于动物或植物，也就是造出一个基因相同的复制品。如果一对双胞胎是同卵双胞胎，那他们也就像是拥有同样基因的复制品。但这并不意味着他们完全相同，他们的指纹不同，身高和体重也可能存在差异。

基因非常重要，我们的外貌以及某些方面的个性，全都会由基因决定。但是，我们的性格也会受到个人经历的影响。

DNA

克隆生物

20 世纪时科学家就已经掌握了人工复制基因的克隆技术。1962 年，他们成功克隆出了一只青蛙。1995 年，科学家们首次克隆出了哺乳动物，那就是绵羊多莉。

从此以后，又有越来越多的哺乳动物被人类克隆出来。但是，为什么科学家没有继续向前迈进，克隆出首个人类克隆体呢？

基因是什么？

任何生物，都存在基因。这对生物的外貌和行为起到决定性作用。你的基因来自你的父母。

基因位于线性结构的染色体中。你身体中的每一个细胞的细胞核里都有染色体。染色体由长螺旋状的DNA 分子组成，基因则是 DNA 分子上的特定序列。

这个过程很冒险

我们如果想要制造出克隆人，其实并没有任何技术上的阻碍。但我们同时要考虑伦理道德因素。这会是一个非常冒险的过程。人们每次都是经历了失败死亡的先例，才能制造出成功的克隆生物。部分克隆生物从一出生就患有严重的先天性残疾。尽管这项科技近年来已经越发成熟，但仍不是完全可靠。

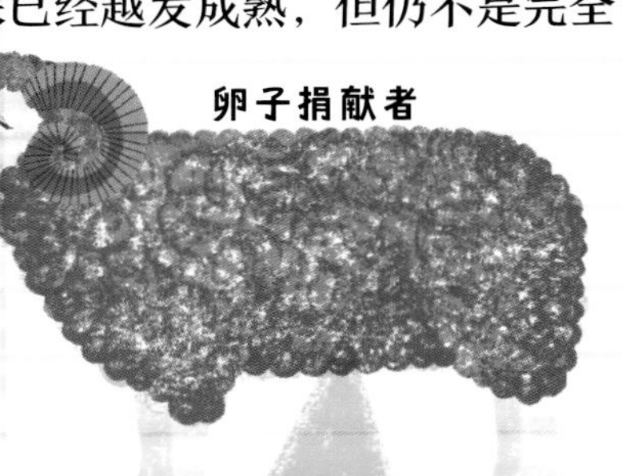

背后是什么原理?

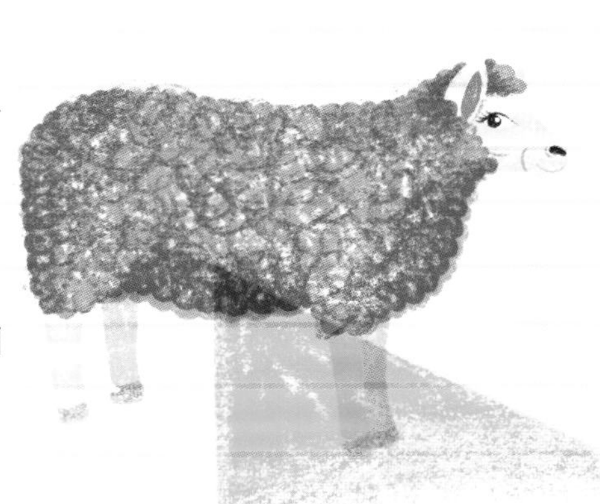

1. 从某一物种的成年生物中取出一个卵子。

2. 从卵子中取出细胞核（这里面就有基因）。

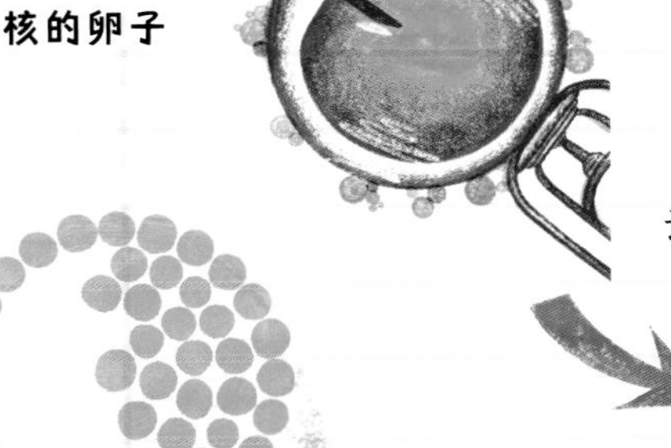

3. 把另一卵子的细胞核分离出去，再把之前的细胞核植入。

细胞核

胚胎

4. 给这个卵子轻微的电刺激，促进发育。

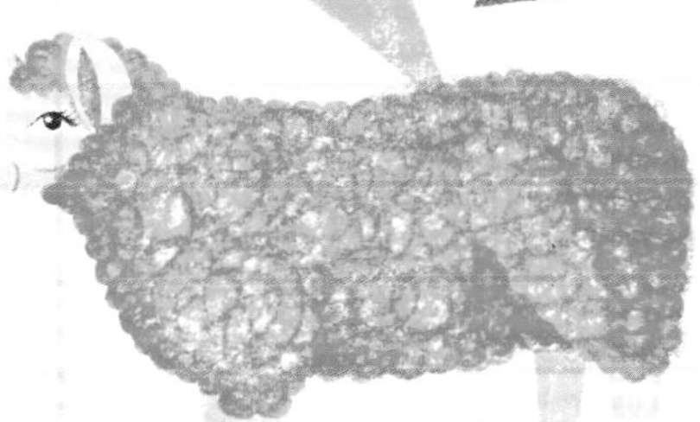

5. 如果胚胎初期生长正常，便可以在这个物种中找到一位代孕母亲，把胚胎植入子宫之中。

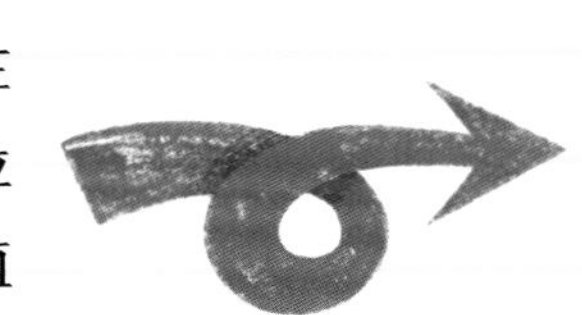

克隆体

克隆肾脏可行吗?

有些人认为，未来人们会把克隆技术应用到医疗领域，帮助患者实现器官移植。从患者（宿主）身上取出一个细胞，克隆出一个胚胎（一个尚未出生的孩子），从胚胎中取出一种名为干细胞的特别细胞，然后再制造出新的器官。

这个器官的基因会和宿主的一模一样，因此宿主的身体不会产生排异反应。但这个过程会导致胚胎死亡。很多人认为，我们没有权利这样做，哪怕宿主的生命可以因此得救。

核聚变

我们的星球未来很可能将核聚变作为能源。核聚变是太阳等恒星动力来源，而科学家们相信，如果他们能够在地球上实现可控核聚变，人类也就能从中获得几乎是取之不尽且无污染的能源。这项技术成本过高，实施也有困难，因此尚未投入大规模生产之中。

强行把原子聚集在一起

核聚变把两个较轻的元素结合在一起，变成一个较重的元素。比如，两个氢原子可以融合，形成一个氦原子。这个过程会释放出大量能量。

不论是什么元素，融合两个原子都是一项棘手的工作，因为原子核包含质子（带正电的粒子），而那些带有相同电荷的粒子则会像磁铁同名极一样互斥。

温度和压力

核聚变需要两个主要条件：极高的温度、极高的压力。若温度达到数亿摄氏度之高，原子的电子（带负电的粒子）将被剥离，形成一种名为等离子体的气体。然后，极高的压力使原子核挤压在一起。

太阳的内核里具备这些条件，它们全都要在核聚变反应堆中得到重现。强大的磁体把物质加热、挤压，直到形成等离子体。磁体把等离子体固定，使其不能接触到反应堆的两侧。使用磁体那是因为两侧温度太高，任何固体材料都无法承受。

你知道吗？

美国国家航空航天局（NASA）目前希望能开发小规模的核聚变反应堆，来为他们的火箭提供动力。他们想把氢作为反应堆的燃料。在许多行星的大气中都曾经发现氢，因此火箭升空之后也可以在途中补充燃料。

以核聚变作为动力的火箭会产生巨大推力。如此一来，人类从地球前往火星的时间将会从7个月缩短到3个月，而且还能在短短两年内就从木星往返地球。

优势巨大

相比其他能源而言，核聚变能源可谓优势多多。

✶丰富：它需要两种形式的氢，一是可以从海水中提取的氘；二是可以从普通元素锂中提取的氚。

✶安全：核聚变不同于核裂变，它不会产生辐射，也不会生成危险的核废料。

✶洁净：核聚变不同于煤炭和石油之类的化石能源，它不会造成空气污染。

你知道吗？

国际热核聚变实验堆（ITER）位于法国南部，因拥有世界上最大的超导磁体，而遐迩闻名。在这里的强大磁场中有一个等离子体，比太阳内核温度高十倍左右。

比光速还快的旅行

光的速度是 299 792 千米每秒。根据我们现在已知的物理学定律，这是世间万物能达到的最快速度。因为任何有质量的物体都需要能量才能加速，如果想把一个物体的速度提升到超过光速，那么需要的能量将会是无法估量的。

如果我们想要探索银河系，这会让我们面临一个难题。除了太阳之外，离我们最近的恒星是比邻星，它距我们 4.24 光年。因此，这颗恒星的光芒要以光速飞行 4.24 年才能抵达地球。

目前航天飞船的最快速度可以达到 56 000 千米每小时。即便如此，航天飞船也至少需要 81 000 年才能从地球到达比邻星。也就是说，这趟旅行至少需要 2 700 代人才能完成！

银河系是如此广袤，如果想要在合理的时间范围内对其展开探索，我们就得找到比光速更快的移动方式才行。这是否有可能呢？

小而快

根据科学家的推测，一种粒子也许可以打破宇宙中速度的极限。人类目前尚未发现这种粒子，暂且将其称为“快子”[4]，这个词最初来自古希腊语，表示“快速”之意。

这有没有可能就是中微子[5]呢？

你知道吗？

2011年，科学家们以为他们已经找到了“快子”。有一个名为OPERA的项目（全名为中微子振荡乳胶寻迹实验项目）从瑞士日内瓦的一个实验室将中微子发射了出来，最终抵达意大利阿奎拉的一个实验室。根据设备检测结果，中微子到达的速度比光速要快60纳秒[6]。

评论家们一片兴奋，有人认为出现比光速更快的移动速度已经成为可能。但调查显示，这个结果并不准确，因为当时的计时系统出现了连接错误。

4　快子，也称为迅子、速子，是一种理论上预测的超光速亚原子粒子。这种由相对论衍生出的假想粒子，总是以超过光速的速度在运动。

5　中微子（其字面上的意义为“微小的电中性粒子”，又译作微中子），是一种电中性的粒子，自旋量子数为1/2。现在已经有证据表明其具有质量。但其质量即使相比于其他亚原子粒子也是非常微小的。它可能是现在唯一一种已探测到的暗物质，是一种热暗物质。

6　纳秒，时间单位。一秒的十亿分之一。

VR头盔在你脑中创造了一个世界

今天的VR（虚拟现实）头盔能够为我们提供一个计算机生成的环境，让我们产生身临其境之感。这些仪器会跟踪我们头部和眼部的运动，让我们身处一个幻觉组成的世界之中。

这些头盔的效果可能不尽如人意，也许会有分辨率（细节的能见度）不高、出现色差、画面扭曲等问题。用户在使用过程中可能因此感到不适。但这些只是技术层面的问题。我们几乎可以肯定，这些问题总有一天能得到解决。

背后是什么原理？

VR头盔显示图像的速度可达60帧每秒左右。只要图像每秒传输帧数超过12，我们都会理解为运动。头盔装有设备，这能测量我们的加速度、倾斜度，以及和地球磁场的相对位置。因此，我们的眼部运动和头部运动都会被头盔追踪到。头盔里的计算机会收到这些数据，在用户环顾四周时，头盔会改变画面。

沉浸式虚拟现实

有些科学家曾经提出，我们生活的整个世界可能都是虚拟的，其实，我们生活在一个由计算机模拟出的巨大游戏中，只不过扮演着形形色色的角色而已。这个想法令人不安，但想要反驳却又出奇地难。

如果想要测试这个理论，我们可以自己创造出一个模拟现实的人工世界，也就是所谓的“沉浸式虚拟现实”。暂且假定我们生活的世界是真实的，那么，我们创造出的世界真的能和现实毫无区别吗？

手套、紧身服和跑步机

VR 使用者还可以戴上数据手套，甚至穿上连体紧身服，这样就可以和虚拟环境互动了。这种“触觉技术”能让我们感觉到仿佛触摸着某种有实体的物质一般。VR 的万向跑步机则能让我们在另一个世界里走来走去。

毋庸置疑的是，有朝一日科学家们还会想办法加入味觉和嗅觉的体验，让我们全身心沉浸在这个虚拟世界之中。

直接输入大脑

要把沉浸式虚拟现实做到极致，那就是既不用戴头盔和手套，也不需要穿紧身服，只要通过科技把这些感受直接输入我们的大脑。

这是否有可能实现？人们会渴望这样的体验吗？一切都还有待观察。也许我们最终会永远生活在一个计算机模拟出的广阔世界中。而有些人担心的是，我们现在的生活其实已经是这样。

你知道吗？

1962 年，电影制片人莫顿 · 海利希[7]开发了一台名为全传感仿真器的机器，用户可以通过它进入虚拟世界，骑着摩托车穿越纽约市。

他们可以看到 3D 街景，感受风和摩托车的震动，甚至可以嗅到城市空气的味道。这是人们第一次试着创造出沉浸式虚拟现实。

全传感仿真器

7　莫顿 · 海利希发明了“全传感仿真器”，这台计算机结合了 35 毫米相机拍摄的照片与 3D 摄影技术，体验者可坐在椅子上把头探进去，通过三面屏来形成空间感，从而获取虚拟现实的体验。

长生不老

历史上的人类一直害怕死亡，又想要征服死亡。《吉尔伽美什史诗》是人类较早的文学作品之一，讲述的就是一位英雄寻求永生的故事。

在中国古代，历朝历代的炼丹师们都在努力地研制能让人获得永生的灵丹妙药。火药的发明就是源自其中的一次尝试。

你知道吗？

在古印度的吠陀赞美诗中，有“不死甘露”和“苏摩”两种饮品，都是传说中的长生不老药。

古希腊人则有“神仙的食物”和“神仙的饮品”，这两个词的原意都是“战胜死亡”。

中世纪的欧洲则有传说中的哲人石，人们认为可以从中得到无穷无尽的生命。

人类现在可以活得更久

在现今社会，我们开始转向科技和医学来寻求长生不老的妙方。在过去的一个世纪里，人类的平均寿命已经大大延长。

1900 年，人类的平均预期寿命为 47 岁，2016 年已延长至 72 岁。截至 2021 年，全球最长寿的纪录仍由法国的让娜·卡尔芒保持着。她在 1997 年去世，享年 122 岁。（世界上最长寿的人还有其他的说法，甚至超过了 122 岁。）

那么，人类寿命是否真有上限？或者说，我们是否真有可能长生不老呢？

122

“长生不老”的含义究竟是什么？

如果你说的“长生不老”是变得像漫画里的超级英雄那样完全不可摧毁，那这可能是无法实现的目标。毕竟，公共汽车肯定能把我们撞飞。而如果是垂垂老矣，日渐虚弱，却又不会死去，这样的局面又有谁想要呢？许多人所说的“长生不老”其实都是想要永葆青春的意思，也就是让自己的精神和身体都始终保持在顶峰状态。

背后是什么原理？

是否真的有能阻止人类老化的进程的方式或物质呢？如果想要了解到这点，我们先要看看是什么原因会导致身体老化。科学家们已经发现，有三个关键因素会导致衰老。它们是：

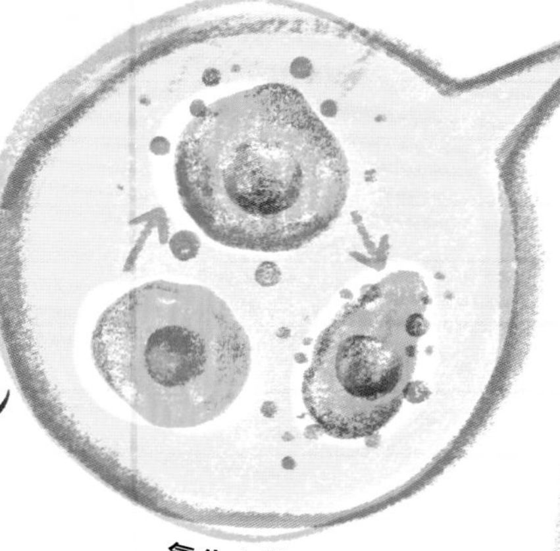

氧化应激

当我们的身体含有太多的自由基（我们呼吸时吸入的不稳定分子），这种情况就会出现。氧化应激是一个自然发生的过程，但随着时间的推移，细胞和组织便会受到损害。

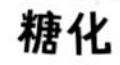

糖化

糖分子会附着在体内蛋白质和脂肪分子上，这个过程就是糖化。这会导致皮肤失去弹性，从而产生皱纹和自由基。

端粒缩短

我们人体细胞中携带基因的染色体是线状结构，就像鞋带一样。端粒则像鞋带两端的塑料头，作用是防止染色体磨损。但是，每次细胞分裂时端粒都会变短，这会限制细胞持续分裂的能力，从而导致人的衰老。

如果我们能够大幅减缓甚至完全停止以上过程，也许长生不老就不再是遥不可及的传说了。

你知道吗？

药物公司一直在努力开发抗衰老的药品。留存在体内的老化细胞会导致健康状况下滑，而有一种药能破坏这些细胞。随着我们的年龄增长，体内会减少某种天然物质。另一种药则含有某种化学物质，可以促进细胞从葡萄糖中释放能量，从而补充这种天然物质。

长寿基因

是我们的基因在决定我们的寿命长短吗？随着我们年龄的增长，体内 DNA（携带遗传信息的分子）也变得容易断裂，进而可能引发癌症，也会让我们日渐衰老。DNA 有自我修复功能，但对于寿命较短的哺乳动物来说，修复的效率较低。2019 年，美国纽约州的罗切斯特大学有研究人员发现了一种名为“sirtuin 6”的基因。寿命更长的物种之所以能更有效地修复 DNA，是因为这种基因起着重要作用。

人类的“sirtuin 6”基因已经非常高效，但是对于弓头鲸之类寿命超过 200 年的哺乳动物来说，它们的这种基因已经进化得更为强大。也许，这就是长寿的秘密？

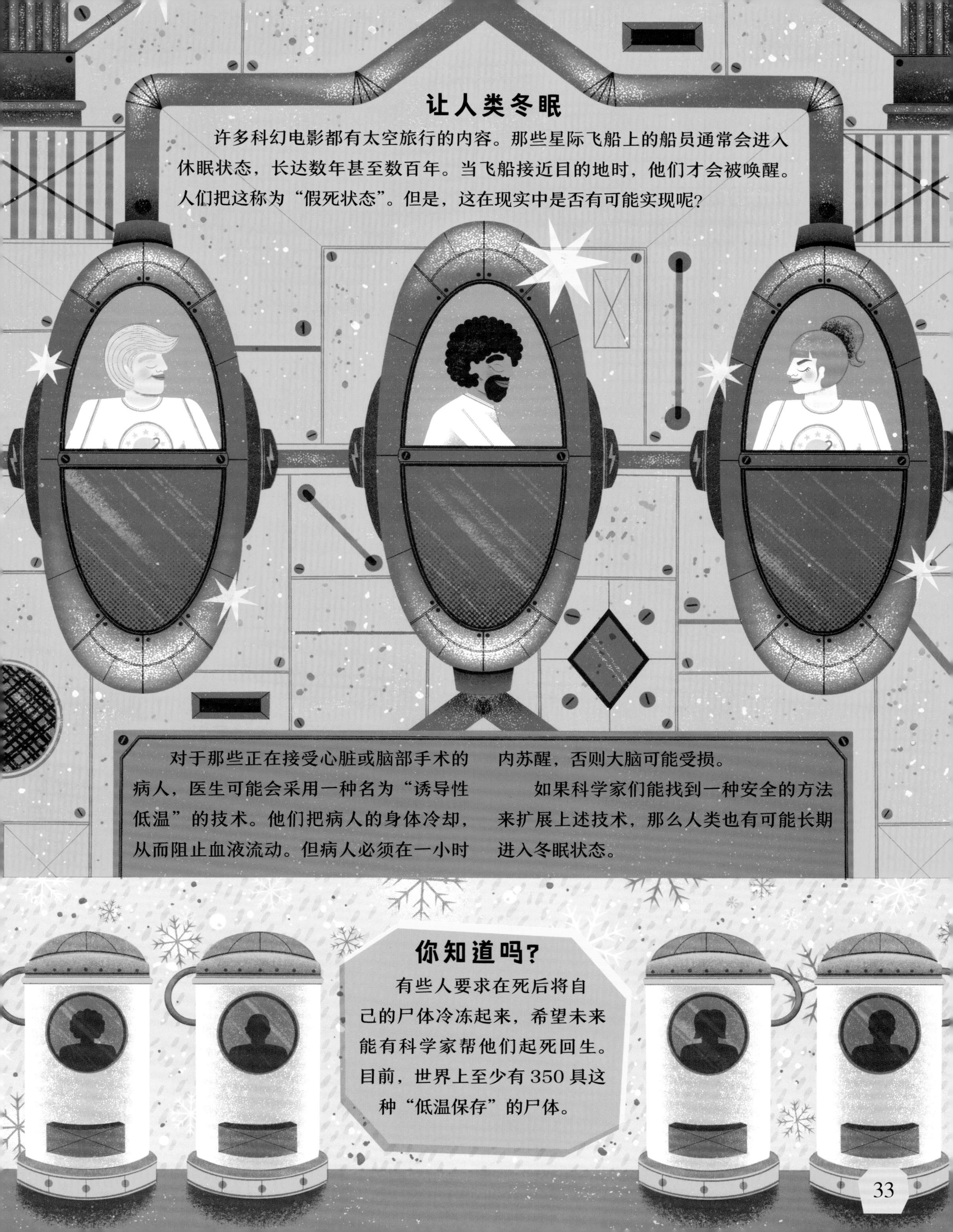

让人类冬眠

许多科幻电影都有太空旅行的内容。那些星际飞船上的船员通常会进入休眠状态，长达数年甚至数百年。当飞船接近目的地时，他们才会被唤醒。人们把这称为“假死状态”。但是，这在现实中是否有可能实现呢？

对于那些正在接受心脏或脑部手术的病人，医生可能会采用一种名为“诱导性低温”的技术。他们把病人的身体冷却，从而阻止血液流动。但病人必须在一小时内苏醒，否则大脑可能受损。

如果科学家们能找到一种安全的方法来扩展上述技术，那么人类也有可能长期进入冬眠状态。

你知道吗？

有些人要求在死后将自己的尸体冷冻起来，希望未来能有科学家帮他们起死回生。目前，世界上至少有350具这种“低温保存”的尸体。

你知道吗？

有一些“生理上不朽”的生命形式不会衰老。但是，它们仍然有可能死亡，死因可能是患上疾病、遭遇意外或被其他生物吃掉。

例如，灯塔水母在性成熟之后，可以又变回水螅型阶段（未成熟阶段），而且可以无限重复这个循环。

进行自我替换

还有一个方法可以延长我们的生命。如果我们有身体部位或是器官发生病变，可以直截了当地用新的部位或器官来替换。这种已经是司空见惯的做法了，甚至还可以移植心脏呢！

在未来，人们还可能会在实验室里用克隆胚胎的干细胞来培育出新的器官。（见第 23 页）

打印新的身体部件

还存在这样一种可能性，那就是借助 3D 打印技术，打印出新的身体部件或器官。人们已经成功打印出骨头、肌肉和软骨，而且已经有过植入动物体内的成功案例。植入之后，新的部件也会逐步长出血管和神经，然后长成动物体内一个有生命的部分。用不了多久，科学家们可能就会打印出新的心脏了！

背后是什么原理？

3D 打印机使用“生物墨水”来打印身体部位。这种墨水的基本材料是人类细胞，以及构成结缔组织、皮肤、骨骼和软骨的基本蛋白质。

这里还会用到临时的、可生物降解的可塑性支架。这能让新器官有更好的稳定性。人体细胞会产生天然结构的蛋白，最终取代这些支架。

长生不老真的是件好事吗？

对许多人来说，延长寿命甚至长生不老是一个极具吸引力的想法。随着技术日渐进步，我们也离这个目标越来越近了。我们现在应该问问自己，长生不老究竟会带来怎样的影响。

如果人类战胜了死亡，人口便会激增。如果我们全都可以长生不老，世界上的资源是否足以养活我们呢？

但是，若只有那些超级富豪才能负担得起延长生命的疗法的花费，那会怎样？我们可能很快就会发现，社会变得极其不平等。人类会被分为两类：长生不老的精英，以及其他所有普通人。

长生不老会是什么感觉？也许我们一开始会觉得很美妙——因为我们有了大把时间来阅读、旅行和学习新技能。但在几个世纪之后，你可能会觉得已经做过了所有值得一试的事情，然后开始感觉百无聊赖……

瞬间移动

请试想一下，你可以瞬间移动到任何地方，而不需要真正穿越两地之间的空间。你不会遇到交通堵塞，也不会因航班延误而烦恼。至于星际旅行，你只需按下开关按钮，便可实现。这就是瞬间移动的前景。

背后是什么原理？

瞬间移动背后的理论是，首先逐一扫描组成你身体的所有原子，然后把这些数据传到一台计算机里。就这样，计算机会在你的目的地重新组装出一个和你一模一样的完美副本。

鬼魅般的超距作用

1993 年，有一个科学家团队展示了如何把光子（一种粒子）传送出去，这在理论上可以实现。科学家们指出，在特定情况下一对粒子即使相隔很远，它们也会相互影响，这种现象叫作"量子纠缠"。

如果你改变其中一个粒子的状态，另一个的状态也会随之改变。爱因斯坦称其为"鬼魅般的超距作用"。科学家们认为，应该也有可能通过一对纠缠的粒子来发出第三个粒子的相关信息。

量子是什么？

量子指的是不可分割的最小能量单元。

例如，光的最小单位为光量子，又称为光子。

成功的例子

1998 年，美国加州理工学院的物理学家通过量子纠缠传送出了一个光子，使其到达了 1 米电缆的另一端。他们扫描了这个光子并传送数据，还在另一端创建了一个复制品。在这个过程中原始光子被破坏了，这与他们实验前的预测一致。

以此为起点，之后又出现了更进一步的发展。2002 年，一个澳大利亚的科研团队远程传输出一束激光。2012 年，中国潘建伟院士团队把一个光子传送出了 97 千米。2017 年，中国潘建伟院士团队把光子成功传送到了 1200 千米之外的卫星上。

可能还是走路更快

传送光子是一回事，但传送一个人则完全是另一回事了。我们暂且假设我们的科技在未来十年中能够有所进步，可以成功传送原子。人体由数以万亿计的原子组成，这在信息量上可是一个天文数字。若要传输这些数据，我们需要的时间会比宇宙已经存在的时间还要长。

注意，复制时还可能出错
如果你真的完成了瞬间移动，在目的地打印或是重新组装出来的那个人，还会是你吗？
?!
他们可能和你有一样的外貌、想法和记忆，但换个角度来说，他们仍然是复制品。
那么，原本的这个你怎么样了？如果你在瞬间移动的过程中被毁灭了，那这项技术就真是某种形式的谋杀了；而如果你活了下来，那世界上就会出现两个你，这可太容易搞混了！
你知道吗？
虽然我们永远不可能传输人类，但科学家们还是可以发展量子传输的技术，这能用来传输加密信息，甚至可能创造一个量子因特网。

纳米技术

在你的指尖上，就有一个完整的宇宙——这是真的！这里说的是纳米级的宇宙，也就是以原子和分子来衡量的宇宙。近几十年来，科学家们已经开始深入研究纳米级的世界。

他们就像前往外星的探险家一样，发现了一个全新的世界。那里与我们生活的世界截然不同。在那里，各种材料的反应方式都大不一样，让人出乎意料。

在医学、计算机科学、材料科学、食品科学、能源生产以及其他许多领域，纳米技术都已经投入应用。

我们的世界可能因此而被彻底改变。这就是纳米技术。

我们说的小，究竟有多小？

在纳米级的世界里，一切事物都以纳米为单位，也就是一米的十亿分之一。如果想要了解这到底有多小，你可以想象一下：一张报纸的厚度是 10 万纳米，一个细菌的长度是 200 纳米。一个原子的直径则在 0.1 到 0.5 纳米之间浮动。

欢迎来到纳米的宇宙

在纳米级的世界里，物理规律也发生了变化。相比重力，在原子和分子之间运作的电磁力要重要得多。这也会让各种物质的特性发生变化：铜变成了透明的；碳却变得非常坚硬；石墨烯这种材料则可以制成只有一个原子那么厚的极薄薄片。

纳米颗粒表面崎岖且不稳定，因而表面积更大，这使得它们更容易起化学反应。在我们生活的世界，金这种物质一般不和其他物质起反应，但在纳米级的世界里，却很容易发生反应。物质的强度和导电性也会受到尺寸的影响。

你知道吗？

1959 年 12 月 29 日，美国物理学家理查德·费曼发表了一次演讲，标题是“底部还有大量空间”。他提出，科学家终有一天能使用微型工具来重新排列原子和分子。他的演讲点燃了人们对纳米技术的兴趣。

如何观察原子？

我们没法通过普通的显微镜来看到原子。一个物体必须能让可见光波发生偏转，才能被看到。而一个原子的大小，还远远比不上可见光的波长。

因此，科学家们发明了电子显微镜，电子束的波长只是普通光束波长的千分之一。

电子波长非常短，短到会被原子偏转，所以可以生成这种比例的图像。电子显微镜可以将图像放大到超过原图的一百万倍。

有些图像能显示出材料内部的原子结构；有些则可以显示表面的原子和分子。

电子显微镜

电子枪

电子束

磁透镜

磁透镜

电子检测器

样本

背后是什么原理？

如果你要使用电子显微镜，首先要把准备检查的样本置于真空中，因为电子在真空中更少被干扰。

然后，顶部的电子枪会瞄准样本，射出电子束。

电子束会穿过通电线圈形成的电磁场，磁场让电子大幅加速。它们行进得越快，形成的波长就越短，最后生成的图像也更富有细节。

电子束在穿过样本之后，会撞击感光板，生成图像。

你知道吗？

成人指甲的生长速度是一纳米每秒。

人们已经开始用纳米管来制造防弹的商务套装。

1989 年，IBM 工程师唐 · 艾格勒成功移动并控制了单个原子，这是全世界的首例。

从某种程度上来说，我们使用纳米技术已经有几个世纪之久：欧洲中世纪的彩色窗玻璃就是纳米技术的应用。玻璃在加热以及冷却的过程中，产生了纳米晶体。

如何研究纳米级的世界

若想要让纳米技术发挥作用，我们仅仅看到原子是不够的，还必须能够控制它们。

我们哪怕用最细的镊子也无法夹起一个原子——它实在太小了。因此，科学家们必须发挥创新思维，才能处理这种大小的物质。

科学家们使用特殊种类的电子显微镜，比如扫描隧道显微镜（STM）和原子力显微镜（AFM）。

这些显微镜借助极其锋利的金属探针和微小电流，可以来回挪动原子和分子，就像是移动微型积木方块一样。

你知道吗？

1989年，计算机公司IBM有个团队用原子成功拼出了公司首字母。他们使用的是扫描隧道显微镜，在这个过程中，他们用该显微镜控制了35个氙气原子，最后形成了“IBM”这几个字母。

使用到的另一项技术是分子束外延。这种技术能够生成单个的晶体，但速度非常缓慢，一次只能生成一层原子。

应用纳米技术之后的世界

我们应用纳米技术之后，可以把材料变得更强韧、更轻便、更耐用、更有活性，还能更好地导电或导热。

更高级的表面

人们应用纳米技术之后，会改变各种材料的表面，使其更能抗污。家居织物都会被涂上纳米晶须，这是一种极小的纤维，任何东西都无法穿透。服装面料可以被做得更加抗皱、抗污和抗菌。

你知道吗？

近年来，我们使用的计算机的体积已经变得更小，运行速度也变得更快。这都得益于纳米技术的发展。电子工程师们在纳米级世界钻研，不断缩小着晶体管的体积，而晶体管正是所有计算机的基础器件。

2000 年，晶体管的普遍宽度是 130 至 250 纳米。时至 2016 年，美国加州的劳伦斯伯克利国家实验室展示出的晶体管宽度仅为 1 纳米。

奇迹般的材料

碳纳米管呈圆柱体形状，是由碳原子片卷起来而形成的，仅一个原子那么厚。尽管如此，纳米管的强度还是令人难以置信，并且其导热和导电的性能也很不错。因此，在电子领域和材料应用上，纳米管拥有广泛的用途。它们不仅可以制造汽车部件，还可以制造棒球棍等产品。

你知道吗？

也许在未来的某一天，我们会用碳纳米管来建造通往太空的电梯。这比发射火箭的成本要低太多啦。

纳米机器人

也许哪天我们还能造出纳米级的机器人，配备极其微小的车轮、齿轮、杠杆、开关、泵和马达。科学家们已经展示了如何实现这个构想。

假设你有一个原子环组成的分子，还有一个原子棒组成的分子。你把这两个分子串在一起，如果两个分子电荷不同，那么这个原子环就会沿着原子棒来回滑动，就像一个小型活塞。

监测健康状况

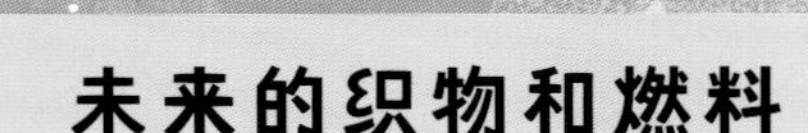

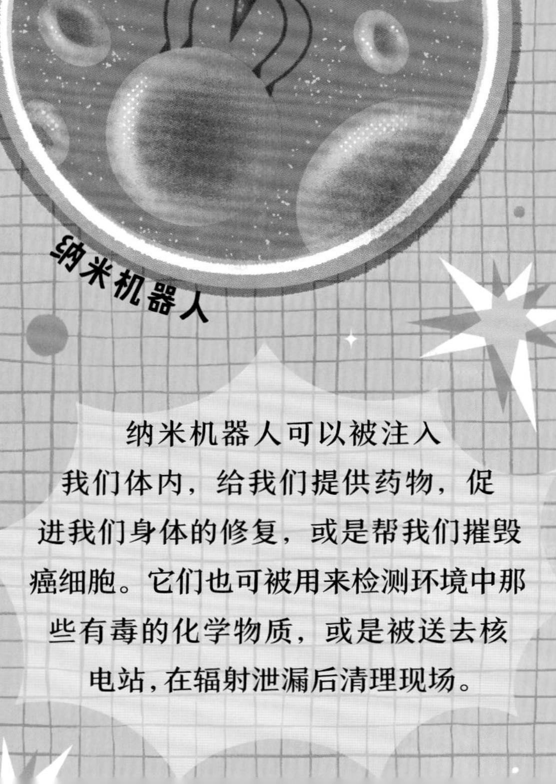

纳米机器人可以被注入我们体内，给我们提供药物，促进我们身体的修复，或是帮我们摧毁癌细胞。它们也可被用来检测环境中那些有毒的化学物质，或是被送去核电站，在辐射泄漏后清理现场。

未来的织物和燃料

我们可能会有一些“智能织物”，用来制作服装和鞋类。这类织物上会有微小的柔性传感器，监测我们的健康状况，并从太阳能以及我们的身体活动中获取能量。那些超轻便又超强韧的纳米材料若应用于运输业，则可以节省燃料。人们可以用纳米技术将纤维素（一种在植物细胞中发现的物质）制成乙醇，用作汽车燃料。

思维上传

我们有没有可能把思维上传到电脑呢？也许人们已经开始这么做了。现今，我们其实都在口袋中随身携带着小型的计算机，作为提醒自己的备忘录。我们以此来储存记忆，获取信息，同时还会通过社交媒体来和别人交流。

如今，已经有人在身体里植入了一些装置。有的人是为了提升自己的听力或视力，也有人是为了保证自己的心脏能够正常跳动，还有些人可以用思维来控制自己的义肢。

人和机器逐渐融合为一体，这种情况在未来很可能还会继续。谁也不能预料以后会走向怎样的结局，但有些科学家已经给出了预言：我们最终能实现数字永生，也就是说，我们的思维会被复制，然后转移到电脑上去。

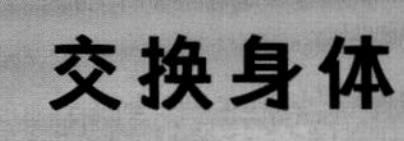

交换身体

我们为什么会想要交换身体呢？我们在前文已经讨论过了身体是否有可能长生不老。如果我们可以上传思维，那就不必再担心身体的存续问题，而可以直接通过数字的方式获得永生。

如果我们原本的躯体已经损耗太多，我们甚至可以把思维下载到另一具更年轻的身体上。这样一来，我们就不用担心因身体永生而造成的人口过剩问题了。

我们还可以持续旅行，长达几个世纪也无妨。我们也可以探索遥远的星球，还能在地球的全球环境灾难中幸存下来。

你知道吗？

2018 年，一家名为“Nectome”的公司提出在人死亡之后对其脑进行保存，以便在几个世纪之后，一旦具备相应技术条件，也许就能对这些脑进行扫描，然后再把数据上传到计算机、人体或是机器人体内。

这有可能实现吗？

人脑是一个复杂的器官，大约含有 860 亿个神经元（神经细胞）。它们每时每刻都相互连接着。人脑内估计有 150 万亿个这样的连接，这被称为“连接组”。我们需要细致入微地扫描一个活人的脑，详细绘制出连接组的图像，然后再复制到计算机上，创建出一个精确的模拟人脑。

科学家们已经想方设法地绘制出了老鼠脑的一部分。假使有一天，我们有可能借助超强的计算机功能来绘制人脑的连接组，我们能从这些数据中重建出类似人类的思维吗？也许仍不足以保证成功。这可能只是因为，我们根本无法通过人工的方式来重新创造所谓的“意识”。

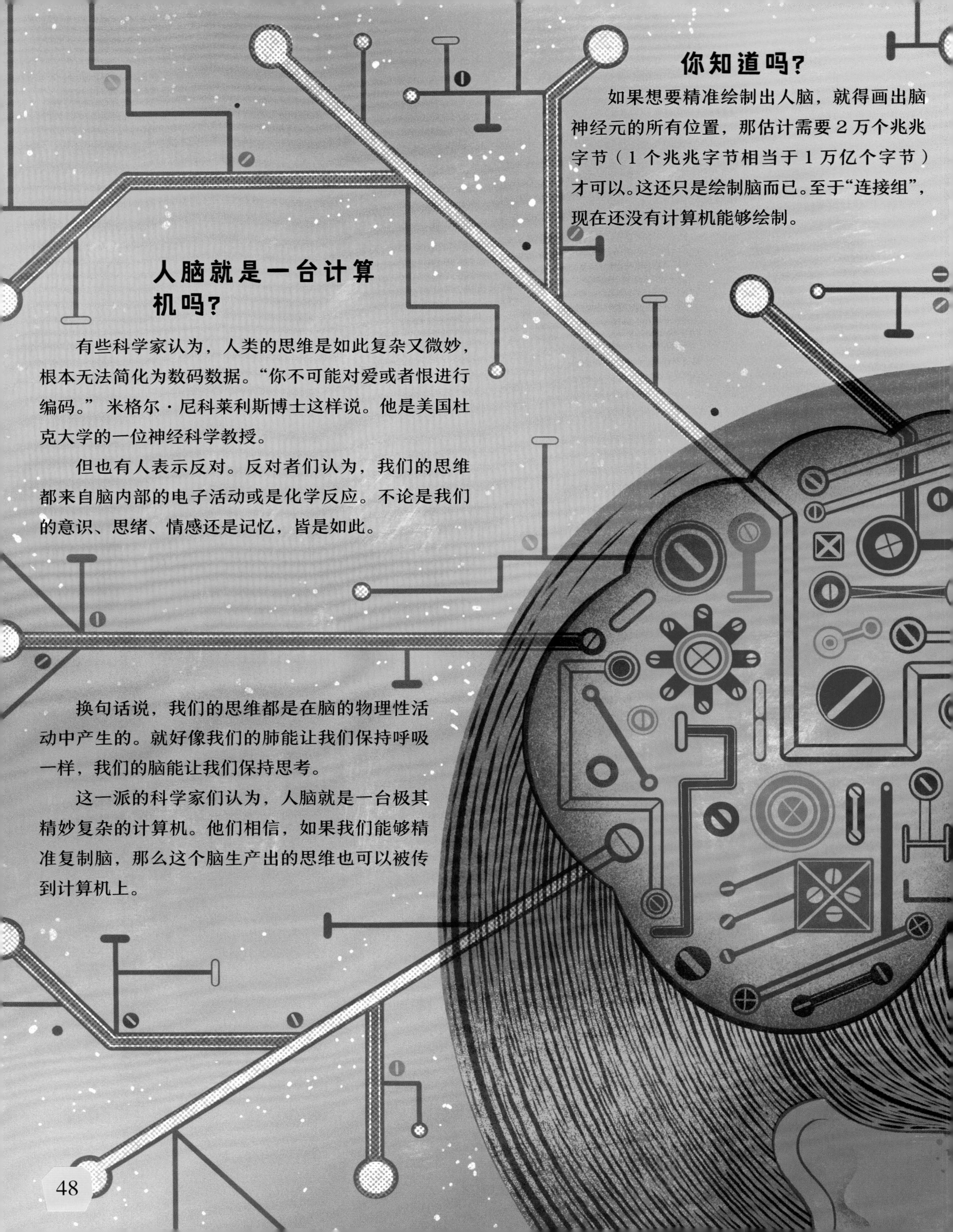

你知道吗？

如果想要精准绘制出人脑，就得画出脑神经元的所有位置，那估计需要 2 万个兆兆字节（1 个兆兆字节相当于 1 万亿个字节）才可以。这还只是绘制脑而已。至于“连接组”，现在还没有计算机能够绘制。

人脑就是一台计算机吗？

有些科学家认为，人类的思维是如此复杂又微妙，根本无法简化为数码数据。“你不可能对爱或者恨进行编码。”米格尔·尼科莱利斯博士这样说。他是美国杜克大学的一位神经科学教授。

但也有人表示反对。反对者们认为，我们的思维都来自脑内部的电子活动或是化学反应。不论是我们的意识、思绪、情感还是记忆，皆是如此。

换句话说，我们的思维都是在脑的物理性活动中产生的。就好像我们的肺能让我们保持呼吸一样，我们的脑能让我们保持思考。

这一派的科学家们认为，人脑就是一台极其精妙复杂的计算机。他们相信，如果我们能够精准复制脑，那么这个脑生产出的思维也可以被传到计算机上。

脑计划（BRAIN Initiative）于 2013 年启动，计划的目的是彻底改变我们对人脑的认识。其中的研究人员已经成功地捕捉到了水螅（一种微小的无脊椎动物）的神经元发射出的电闪。他们的下一个任务，便是把这个实验应用到人脑上。

了解脑

我们把思维上传到计算机之前，必须先对脑有更深的了解才行。科学家们用电子显微镜来分析人脑中的采样组织。他们在分子层面进行分析，这也许真的可以让他们对神经元以及神经连接的构造有更多了解，但他们对于活人脑的运作模式依然知之甚少。

为了研究活人的脑，科学家们招募了志愿者，在他们身上放置扫描仪器，再给他们设定各种各样的思维挑战。在志愿者完成任务的过程中，扫描仪可以捕捉到脑里血液流动和电子活动的变化。

扫描仪记录的这些变化都来自脑的思维和感觉。等待科学家们的下一个巨大挑战就是，怎么将这些物理上的变化过程转化为数据，再储存到电脑中。

是数据构成了我们的记忆吗？

如果说我们的记忆能够被转码并制造成数据，这说明记忆本身就是精确且不变的。但其实不然。你可能会记得童年某件好笑的事情，但这不一定就是准确的记忆。你每一次把记忆中的故事复述给别人听的时候，其实也都在不断地修改这些记忆。

当你逐渐老去，记忆也变得模糊起来，承载的情绪也有所变化。如果你想要把记忆上传到计算机上，这只能捕捉到你记忆的某一个版本，而你的记忆其实是持续变化的。

你知道吗？

美国南加州大学的脑科学家们曾经试着在老鼠和猴子身上“植入记忆”，这个实验后来成功了。他们用一个设备记录了大脑的电子互动，形成了一条简单的短期记忆（比如按下按钮便能获得食物）。这段记忆被发送到了电脑上，然后再转换成数字化的信号，再重新植入大脑之中。这段记忆因此在实验动物脑中形成了一段长期记忆。

哪一个才是你？

如果你的思维被上传到了计算机上，这会引发一系列棘手的问题。你的思维的电子复制版本是否可以视作是你？或者说，你还是你自己吗？也许这个复本认为，你的身份也已经被转换到了他的身上，包括你的个性、想法和记忆。那么，你是否已经被分裂成两个人了呢？

如果涉及法律上的问题，又该怎么处理？如果你的复本犯下罪行，你是否要对此负责？你的复本是否能在你死后继承你的遗产？如果你有不止一个复本，该怎么办？这项技术可能会带来很多进退两难的情况。

如果我们能以一种数码形式存在，那必然很有趣。我们可以把自己下载到多个实体之中，扮成不同的身份去享受生活。又或者说，如果我们愿意，还可以把自己放到芯片上，乘坐小型太空飞船飞入太空，以小小芯片的形式翱翔！

你的复本享有权利吗？

数码人类和实体人类一样拥有情感。他们也会经历快乐和爱，也会承受痛苦。因此，如果现实中真的出现了这些数码复本，他们也必须受到法律的保护与约束。他们是否能获准结婚、收养孩子或是投票的权利呢？他们犯罪之后是否会面临惩罚呢？我们必须先解答以上问题才行。

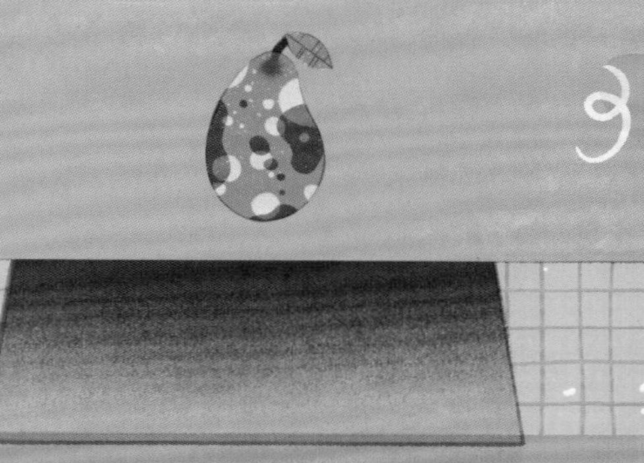

绘出思维的神秘之处

能够上传我们的思维，这的确是一个引人入胜的设想。但也许永远也不能实现。我们大脑中的化学反应可能无法转化成数据。但这些科学研究依然给我们带来了很多关于大脑的知识。在不久的将来，我们还会了解更多。

我们在不断绘制思维的过程中，会更加了解焦虑、失眠及精神疾病，会有能力创造更多药物用于治疗，还会提升我们的思维能力。

超人类

我们都在屏幕上看到过超级英雄，他们的力量、速度和敏捷性都非同一般，并且完成了许多改变世界的壮举。在这些影视作品中，普通人类往往都是旁观者。他们只能瞠目结舌地观看这一切。有没有一种可能，我们普通人某天也能发展出自己的超能力？根据最新的基因工程和生物工程研究的进展，这应该是可以的。

我们会变成什么样子？

抛开在科技层面我们可以获得的帮助不谈，作为物种我们本身就具备进化的能力。现在的饮食营养和医疗条件都更好了，因此我们也都变得更加高大、更加健康、更加强壮，寿命也比我们的祖先要长。这个趋势很可能会一直持续下去……

全球温度可能会升高，太阳辐射也会更强。因此，人类的肤色可能会变得更黑，以应对环境变化。在能利用刀具之前，我们的智齿还是很有用的，但现在智齿很可能会在进化过程中逐渐消失。人们旅行和活动越发频繁，跨种族的通婚也越来越多，可能人的外表也都会变得更加相似。

我们身体里的机器

我们会在体内放置各种装备，主要是出于健康的考虑。比如我们用人工耳蜗来提升听力，也会给心脏用起搏器。还有一些人甚至会佩戴植入式设备，用来监测自己的健身情况。这类设备都被植入在皮肤以下，佩戴者的健康数据就会被传输到手机上。

你知道吗？

有些人已经在手掌中植入了微型芯片。那些射频识别（RFID）芯片中储存着详细的个人信息，包括个人医疗记录。这些芯片以后可能会取代钥匙、信用卡和密码。我们只需要用手在门、汽车和电话上刷一下，就可以激活芯片。我们也可以只对感应识别器挥挥手，就可以完成购物。

思维控制

近几年来，义肢制作技术有了显著提升。人们把电极放置在大脑、神经和肌肉中，让大脑向肢体发送信号，从而控制动作。佩戴义肢的人只需要想象出具体动作，义肢就会移动。

在假手接触到某个物体时，传感器会把相关信息送回大脑，效果和自然的手没有区别。然后，大脑就可以对手发出指令，操纵物体。最终，义肢的灵活性和敏感性会发展得和相应的自然肢体一样好。

你知道吗？

未来的某一天还可能出现人工器官，可以取代现有的心脏、肝脏和肾脏，并改善相应功能。这些人工器官不受疾病影响，在泵送血液和清除毒素方面还能做得比天然器官更好。

我们还能让纳米机器人组成舰队，在我们的血液中四处航行，为我们消灭病菌、修复损伤。很有可能，我们将会成为电子人：一部分是人，另一部分则是机器。

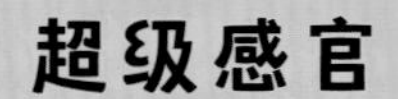

超级感官

我们会在未来对自己的身体做出改变。不只是为了保持健康，更是为了进一步增强我们的能力。试想一下，如果你能提高视力，你就能在黑暗中看清东西，或者分辨出数百种新的颜色。如果植入含有石墨烯的人造视网膜，这个效果是有可能实现的。

在普通人听到声音的时候，其实是声波在一下一下撞击着我们的耳膜。这些声波在三小块耳骨上振动，然后撞击到一个充满液体的人体组织之上，那就是我们的耳蜗，它会把这些压力转化成神经信号。在大脑中，这些信号就被解读成了声音。

有一些失去听力的人会使用“骨传导”设备,也就是让声波绕过耳膜，直接在耳骨上振动。科学家们现在仍在探索，不知能否把骨传导作为一种扩大我们听力范围的方法，那样我们就能听到超声波振动了。

骨传导设备

地震传感器

人们甚至可以设计自己的感官。在那些地震多发的地区，你可以在脚上装一个传感器，探测地震活动。如果地震即将发生，你也会收到警报。

如果你的方向感很差，为什么不在眼里植入一个体内指南针呢？就像那些候鸟一样。

也许，你还能让你的耳朵感知到大气的压力，那你就能预测天气了。

大脑调控

现在已经出现了一些提高智力的产品，被称为“聪明药”。

我们也可以在大脑中放置神经植入物，用来治疗受伤或残疾的人。这些植入物都由微型电极组成，能与身体的健康神经元相互沟通，从而对神经系统的受损部分发出刺激。

如此一来，那些曾被截肢的人便能移动假肢。那些瘫痪在床的病人也能对自己的身体重获掌控。在未来，这些植入物可能被用来增强记忆、提高身体运动能力、增强感官感受。我们也因此能够控制计算机或汽车等设备。想象一下，如果你可以只用思想来指挥一架无人机，那会是怎样的情形啊！

你知道吗？

尼尔·哈比森出生于爱尔兰，是一位色盲艺术家。他在自己的头骨中植入了一根天线，这让他能够“听到”各种各样的颜色。

不论他看到什么颜色，这根天线都可以检测出该颜色的波长，然后将波长转化为音符。

你知道吗？

神经系统科学家莫兰·瑟夫及其团队曾经针对手术中的患者做过实验。他们在病人的大脑中放置了电极。这些电极在大脑中建立了新的回路，病人神经信号因而能够随意穿梭于大脑中各个不同的部分。例如，即使眼前是一个丑恶的场景，他们脑海中浮现的可能依然是一个美丽的场景。如果他们听到了恶言恶语，也可以选择忽略。这项技术可以用来治疗抑郁症。

蜂巢思维

神经植入物甚至可以把我们连接到互联网上。我们因而有机会去查看地球上所有人的整体知识储备。这可能是走向“蜂巢思维”（人类整体的集体意识）的第一步。

还有一些人认为，这可能会导致我们的个性发展岌岌可危。

想象一下，如果蜂巢思维被那些急于向我们推销东西的公司利用，那又会发生什么？

改变基因

我们也许会从父母那里遗传很多疾病，这都是因为我们遗传了基因。这些疾病现在都可以通过基因工程来治疗。CRISPR 技术是一种革命性的新型基因编辑技术，科学家能够用这个技术从特定 DNA 序列里剔除掉那些致病基因，然后用新的健康基因取而代之。

也许，对于任何一种人们渴望得到的特质，科学家们可能都会使用 CRISPR 技术来加以增强。政府可能想要开发出超级士兵，他们的基因会被改写,变成身体和精神都很强大的人。他们的勇气、耐力、智力、耐受疼痛的能力都会大大增强，睡眠需求则降得更低。直到今天，科学家们一直都在努力寻找决定智力等品质的基因。因此，他们还有大量的研究需要完成。

你知道吗？

埃马纽埃尔·卡彭蒂耶和詹妮弗·杜德娜在 2012 年发明了 CRISPR 技术。他们当时在研究细菌如何对抗病毒感染，偶然发现了 Cas9 这种蛋白质。它能够寻找、切割并降解病毒的 DNA。他们发现，如果能有效利用 Cas9 的这些能力，便可以精准地在 DNA 中删除或插入一些片段。

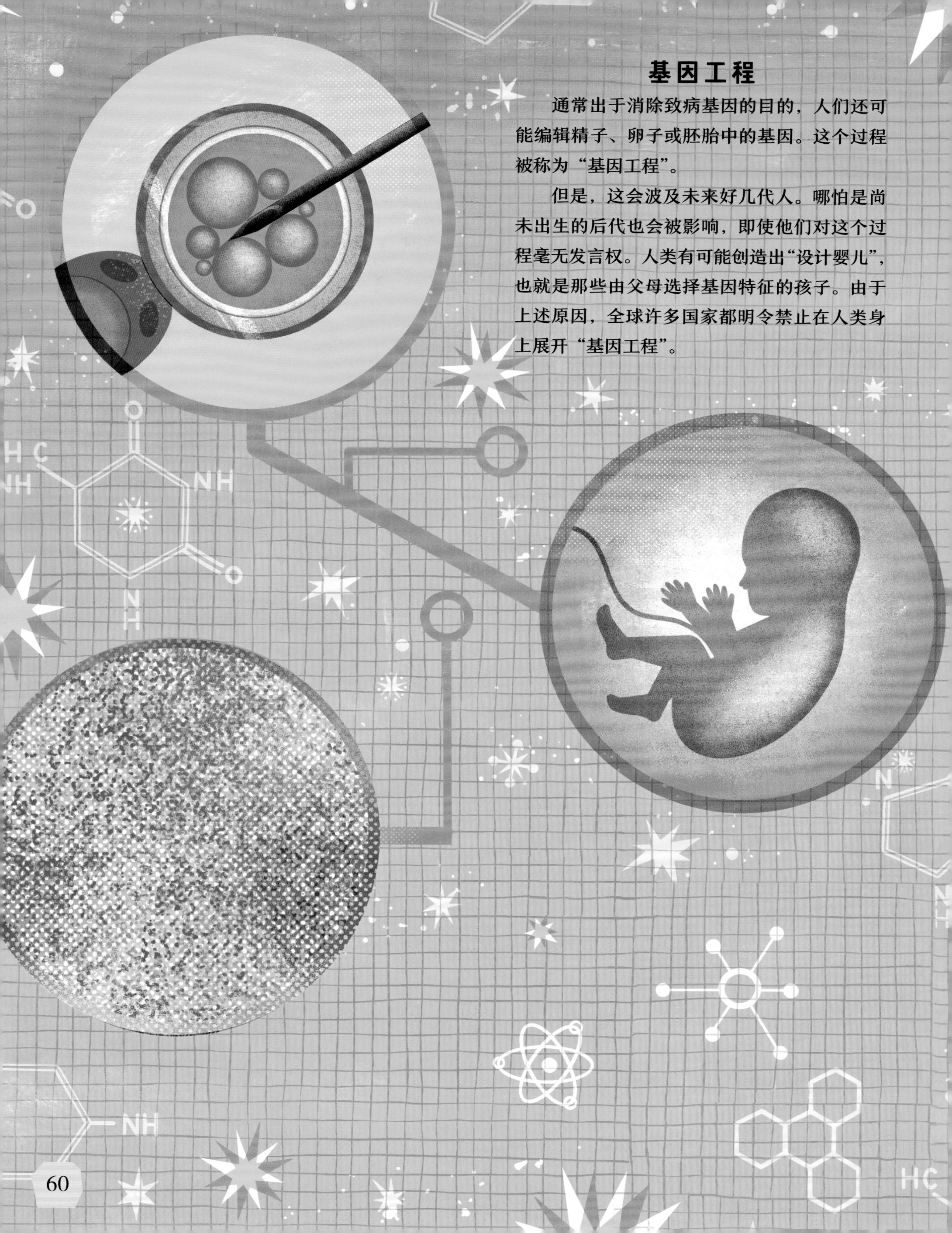

基因工程

通常出于消除致病基因的目的，人们还可能编辑精子、卵子或胚胎中的基因。这个过程被称为“基因工程”。

但是，这会波及未来好几代人。哪怕是尚未出生的后代也会被影响，即使他们对这个过程毫无发言权。人类有可能创造出“设计婴儿”，也就是那些由父母选择基因特征的孩子。由于上述原因，全球许多国家都明令禁止在人类身上展开“基因工程”。

我们应该化身为超人类吗？

我们渴望成为超人类，但其中也有危险潜伏。因为这些实验中的任何一个错误，都可能对未来的世世代代造成影响。

人类也可能滥用由此获得的能力。举个例子，一支军队的士兵接受了基因加强改造，成为超级士兵。他们原本的使命是保家卫国，但他们也可能想要获得统治权，转而攻击自己国内的民众。

想象一下，如果这些技术在未来都已被研发出来，但却只有富人能享用。这可能会让社会陷入四分五裂的局面。

随之而来的，也许有饥荒和战争。因为假设精英们掌控了地球上的资源，平民百姓可能会反对他们的统治。因此，我们必须小心行事。也许，某些技术必须完全禁止，而某些其他技术则应对所有人开放。

也许最终我们会发现，其实所有超能力中最好的一项就是我们与生俱来的：学习、思考、想象的能力。我们借助本不完美的大脑和肉身，其实已经探寻到宇宙的许多奥秘。

当然，我们也许会走得更远，把自己变成基因修正之后的赛博人类。但如果要这样做的话，我们是否很可能会失去自身的人性化特质呢？有没有可能不冒这个风险呢？

想象力比知识更重要。知识是有限的，而想象力却包含了整个世界。
——阿尔伯特·爱因斯坦

First published in Great Britain 2022
Text copyright © 2022 Alex Woolf
Illustrations copyright © 2022 Jasmine Floyd
Simplified Chinese Copyright 2024 by Hunan Juvenile & Children's Publishing House
All rights reserved.

"企鹅"及其相关标识是企鹅兰登集团已经注册或尚未注册的商标。未经允许，不得擅用。封底凡无企鹅防伪标识者均属未经授权之非法版本。

由湖南少年儿童出版社与企鹅兰登（北京）文化发展有限公司 Penguin Random House (Beijing) Culture Development Co., Ltd. 合作出版

图书在版编目（CIP）数据

脑洞大开的未来科技 /（英）亚历克斯·伍尔夫著；（英）贾斯明·弗洛伊德绘；周悟拿译．—长沙：湖南少年儿童出版社，2024.7
ISBN 978-7-5562-7601-1

Ⅰ．①脑… Ⅱ．①亚… ②贾… ③周… Ⅲ．①科学技术—青少年读物 Ⅳ．① N49-49

中国国家版本馆 CIP 数据核字 (2024) 第 090836 号

脑洞大开的未来科技

NAODONG DA KAI DE WEILAI KEJI

出 版 人：刘星保
策划编辑：周　霞
责任编辑：钟小艳
封面设计：进　子
装帧设计：嘉伟文化 JARLY CULTURE
营销编辑：罗钢军
质量总监：阳　梅
出版发行：湖南少年儿童出版社
地　　址：湖南省长沙市晚报大道 89 号
邮　　编：410016
电　　话：0731-82196340
常年法律顾问：湖南崇民律师事务所　柳成柱律师
印　　制：长沙新湘诚印刷有限公司
开　　本：889 mm × 1194 mm 1/16
印　　张：4.5
版　　次：2024 年 7 月第 1 版
印　　次：2024 年 7 月第 1 次印刷
书　　号：ISBN 978-7-5562-7601-1
定　　价：59.80 元

版权所有　侵权必究
质量服务承诺：若发现缺页、错页、倒装等印装质量问题，可直接向本社调换。联系电话：0731-82196345。